49元

元

美味健康廚房

養生達人 教你花小錢也可以吃出好氣色

前言

拒絕文明病來敲門

現代人生活節奏緊湊忙碌，三餐在外不定時也不定量，一個不小心文明病便會找上門。雖然知道要好好善待自己的身體，提高免疫功能，做好疾病預防工作，但市售的養生飲品、保健食品，所費不貲，一個月下來就得獻出大把鈔票。想自己動手下廚烹調個藥膳來安神養生，翻開食譜一看，無奈都是不常見的食材，除了不易購買外，烹調手續更是繁複，又燜又燉少說也需要花上數個小時，費時又費神，讓人連嘗試的念頭都沒有。

建立養生飲食習慣

其實想要動手烹調色、香、味俱全，又能達到調理精、氣、神目的的一餐，並不難！俗話說：「藥補不如食補。」也就是說養生保健是可以從平日飲食中進行的，而進補更不見得只能倚靠中藥材。只要秉持這個原則，從食材下手，瞭解其所含的營養價值，挑選新鮮、方便取得的食材，再配合少油、少鹽、少糖的簡單烹調方式，就能輕鬆完成一道美味可口，且適合現代人養生的一餐，最重要的是還能大大的為您省下荷包。

易學健康省錢養生料理

本書以提神醒腦、養顏美容、整腸健胃和調整體質為出發，針對需求，運用食材營養的搭配，再透過保持原味及營養的料理方式，設計出29道易學又兼具健康、省錢的養生料理，讓您在家跟著食譜做，就能輕鬆完成自然健康的養生美食！

*編註：每道料理的金額小計，是以寫稿當時的實際價格並以一人份
　　　的分量計算。

目錄

第一章
提神醒腦
　　增進記憶力

腦力過度激盪，沒精神又沒
活力，影響工作效率，這時
就需要富含維生素B群、保
腦安神、健腦益智的食物，
改善注意力不集中的問題，
提供滿滿元氣，恢復活力！

南瓜米粉

〖提供人體所需能量，有助提昇大腦和神經功能〗

南 瓜 米 粉

**貼 心
小建議**

● 米粉亦可和南瓜一起蒸，可縮短烹煮時間。
● 南瓜搗成泥較易和水融合，使米粉在吸收水分時
　亦能吸收南瓜香氣。
● 雞肉絲分兩次炒，先炒至五分熟，最後再倒入拌
　炒，以避免炒過久肉質變柴，變乾澀。
● 南瓜不宜一次吃太多，易致腹脹。

共計

34 元

料理金額小計

米粉6元
南瓜10元
雞胸肉10元
蝦米3元
調味料5元

南瓜米粉

材料

米粉150克，南瓜1/4顆，雞胸肉50克，醬油1大匙，蝦米1小匙，
鹽1/2小匙，油1大匙，水200C.C.。

食材介紹

米粉 — 為在來米製作，富含大量膳食纖維，可供人體所需的能量。

南瓜 — 豐富的維生素A、B、C、胡蘿蔔素及礦物質，對身體生理功能的維護有重要功效。

雞肉 — 含有大量維生素B，有助提昇大腦和神經功能。

蝦米 — 具鉀、碘、鎂、磷等礦物質，有鎮靜作用與提振精神作用。

作法

1. 米粉泡水至軟，撈起瀝乾，剪小段。
2. 南瓜切大塊，蒸熟後搗成泥。
3. 雞胸肉切絲，以醬油醃3分鐘。
4. 熱油鍋，下雞肉絲炒至顏色變白，約5分熟，即盛起。
5. 再將蝦米放入鍋內，大火爆香，炒到香氣出來，倒進水，加鹽調味。
6. 放進米粉，拌炒一下，加南瓜泥，續以大火煮1分鐘。再改轉小火，煮至湯汁收。
7. 雞肉絲加進，轉大火快速翻炒均勻，即可盛盤。

迷迭雞排飯

【活化腦細胞、增強記憶力、思考更清晰】

迷迭雞排飯

共計

37 元

料理金額小計

五穀米7元
新鮮迷迭香8元
陳皮3元
雞胸肉16元
調味料3元

貼 心 小建議

● 以茶汁當醃料，可讓雞胸肉充滿茶香，肉質 不乾柴。

● 五穀米為綜合穀類泛稱，通常會混有糙米、 燕麥、薏仁、綠豆、黑糯米等等。

14

迷 迭 雞 排 飯

材料

五穀米1/2杯，水130C.C.，新鮮迷迭香1支，陳皮1小匙，雞胸肉80克，鹽1/2小匙，水50C.C.，油1大匙。

食材介紹

五穀米 — 有豐富的維生素B群、纖維質、礦物質，可保護神經組織細胞，也有助於安定神經、舒緩焦慮。

迷迭香 — 有超過十二種抗氧化劑，其中迷迭香酸，具活化腦細胞，增強記憶力功效。

陳　皮 — 為橘子皮曬乾而成，其含的果膠質具解膩與幫助消化作用。

雞胸肉 — 含有豐富的維生素B和蛋白質，能有效幫助神經傳導暢通，讓思考清晰。

作法

1. 五穀米洗淨泡水1小時後，再兌130C.C.水煮成五穀米飯。
2. 迷迭香洗淨切小段，陳皮洗淨撕成塊。然後以50C.C.溫開水泡出味道，濾出茶汁，放涼。
3. 雞胸肉以茶汁醃10分鐘以上，撈起以紙巾按去水分，撒適量的鹽。
4. 熱油鍋，放入雞肉煎至兩面金黃，盛盤。
5. 雞肉切成適當大小，再盛上五穀飯，即可享用。

01
02
03
04
05

百里香蝦義大利麵

〖 提振精神、消除疲勞、增強記憶力 〗

百 里 香 蝦 義 大 利 麵

貼 心
小建議
● 若無新鮮百里香，可選用乾燥百里香，分量
　為1小匙。
● 為避免蝦子過熟影響口感，可分次烹煮。

料理金額小計

共計
39
元

天使麵條7元
洋蔥3元
大蒜1元
蝦18元
新鮮百里香5元
調味料5元

17

百 里 香 蝦 義 大 利 麵

材料

義大利天使麵條100克，洋蔥1/4顆，大蒜2瓣，蝦3隻，新鮮百里香2支，鹽2小匙，黑胡椒1/2小匙，橄欖油1大匙，水720C.C.。

食材介紹

百 里 香 — 含豐富麝香酚，可提振精神、消除疲勞、增強記憶力。
洋　　蔥 — 所含的硫化物成分，有鎮靜神經效果。
　　　蝦 — 所含的甲殼質具有抗疲勞、提高免疫力的作用。
義大利麵 — 含大量維他命B群，可使精神專注。
橄 欖 油 — 豐富的不飽和脂肪酸有助於降低膽固醇。
大　　蒜 — 含硫化合物和硒等抗氧化物質，能清除自由基，強化免疫力。

作法

1. 洋蔥切絲，百里香切細末，蝦去頭殼與沙腸。
2. 湯鍋加水，燒開後加1小匙鹽，放入麵條煮至熟，撈出備用。
3. 以橄欖油熱鍋，放入蒜頭爆香，再將洋蔥絲放入鍋內炒至軟。
4. 再將蝦加進翻炒，一變色即取出。
5. 接著將煮熟的麵條加入鍋內以大火翻炒。
6. 再將蝦、百里香、調味料加進，拌勻即可盛盤。

番薯糙米煎餅

【 增強腦力、改善疲倦 】

番薯糙米煎餅

貼心
小建議

● 以蒸煮方式料理，可保有蔬菜水分與甜味。
● 攪拌時，若太乾可加點水。
● 糙米含鉀量高，腎功能差或高血鉀者不適合食用。

共計

28

元

料理金額小計

糙米粉5元
番薯12元
高麗菜5元
紅蘿蔔3元
調味料3元

材料

糙米粉80克，番薯200克，高麗菜1/6顆，紅蘿蔔1/4根，鹽1/2小匙，油1/2大匙。

食材介紹

糙米粉 ― 含有維生素B群，有增強腦力、改善疲倦的效用。

番　薯 ― 富含膳食纖維，可中和人體內所累積的酸，並有抗氧化和調節免疫力的作用。

高麗菜 ― 豐富的維生素B群，有舒緩、提神效果。

胡蘿蔔 ― 含有大量可穩定神經的維生素B、C。

作法

1. 高麗菜、紅蘿蔔切小丁。
2. 番薯削皮，切大塊。
3. 高麗菜、紅蘿蔔、番薯蒸熟。
4. 番薯搗成泥，再加入糙米粉、高麗菜丁、紅蘿蔔丁和鹽混合，整成扁圓狀。
5. 熱油鍋，下煎餅煎至兩面金黃，即可盛盤。

核桃桂棗糕

【增強腦細胞、預防疲勞，有健腦及延緩衰老的作用】

核桃桂棗糕

材料

核桃20克，桂圓5朵，紅棗5顆，糯米1/2杯，黃糖1大匙，開水90C.C.。

食材介紹

糯米 — 含有維生素B群，有助於恢復活力。

核桃 — 含有豐富的維生素B和E，可防止細胞老化，有健腦及延緩衰老的作用。

桂圓 — 其維生素B1能增強腦細胞，預防疲勞。

紅棗 — 富有大量多種胺基酸可使血中含氧量增強，達到鎮靜安撫的效果。

作法

1. 糯米泡水1小時，再瀝去水分。
2. 核桃、桂圓切碎。紅棗去核切碎。
3. 所有食材和黃糖、水拌合，倒入小模型碗內。
4. 電鍋外鍋倒入80C.C.的水，放入淺蒸盤蒸煮至熟。
5. 待涼後，取出蒸糕，切小塊，即可享用。

貼心小建議

● 若沒有電鍋，可以備一鍋滾水，擺入蒸架，再放上蒸盤，蓋鍋蓋，先以大火煮2分鐘，再改小火煮10分鐘，即可。

● 糯米蒸煮時宜使用煮開的開水，以免維生素B1被自來水中的氯氣破壞。

共計
37
元

料理金額小計

核桃8元
桂圓15元
紅棗8元
糯米5元
糖1元

銀杏桂圓粥

〖增強腦部記憶、促進認知功能、改善健忘〗

材料

糙米1/2杯，銀杏葉2片，核桃15克，桂圓5顆，冰糖1小匙，水600C.C.。

食材介紹

糙　米 — 含有豐富的維生素B，具有舒緩壓力效果。
銀杏葉 — 含有脂絲氨酸，可增強腦部記憶、促進認知功能。
桂　圓 — 含維生素B1能增強腦細胞、改善健忘。
核　桃 — 含有豐富的維生素B和E，可活化細胞，增強記憶力。

作法

1. 糙米泡水1小時，再瀝去水分。
2. 湯鍋內倒入350C.C.的水，水滾後，放入糙米，大火煮滾3分鐘，轉小火熬煮。
3. 另起一湯鍋，倒入250C.C.的水，煮滾後，放銀杏葉和桂圓，小火煮至再次沸騰。
4. 濾掉銀杏葉和桂圓，湯汁倒進糙米湯鍋內，再放入核桃，熬煮成粥。
5. 盛碗前，再加冰糖調味。

貼心小建議

● 為避免銀杏葉渣影響口感，需先濾掉。
● 核桃也可先敲小塊。
● 桂圓為温熱食物，吃多了容易上火而流鼻血，每日最多5顆。

共計
29
元

料理金額小計

糙米5元
銀杏葉5元
核桃6元
桂圓12元
冰糖1元

百合蓮子湯

〖有清心安神與提振精神之功用〗

材料

新鮮百合1/3顆，蓮子30克，冰糖1大匙，水480C.C.。

食材介紹

百合 —維生素B含量高，有清心安神與提振精神之功用。

蓮子 —蓮子含有多種無機鹽，具有安神養心作用。

冰糖 —冰糖為單糖不易發酵，糖性穩定，烹飪食物不易酸化，能保持食材原有風味及口感。

作法

1. 百合洗淨剝瓣，蓮子洗淨去心。
2. 水煮開後，放入百合、蓮子，先以大火煮滾，再改小火熬煮。
3. 食材熟後，加冰糖調味，即可熄火。

貼心小建議

● 新鮮百合挑選上以顏色白皙、葉瓣肥厚飽水，質感重為佳。

● 蓮子心具有苦味，需去除。

● 百合的鉀微量元素高，腎臟功能不佳者需注意。

共計
29
元

料理金額小計

新鮮百合15元
蓮子12元
冰糖2元

第二章
養顏美容
補血潤膚

想要臉色紅潤、肌膚白皙，
除外在保養外，也要從體內
進行。
豐富的維生素C可促進皮膚
的生長發育，防止和延緩皮
膚老化；多攝取含鐵質的食
物能給您好氣色……許多食
材都能養顏美容，吃對了，
人自然健康有光采。

牛奶紫米粥

【具補腎補血功效，有行氣活血、滋潤皮膚作用】

貼 心
小建議

● 為縮短烹煮時間，紫米可先浸泡1小時。

● 玫瑰煮開後需續燜10分鐘以上，才能讓醇類釋出。

● 為保留牛奶風味，宜待紫米粥完全冷卻後再加，且
可增加粥品的濃郁感。

● 也可以用椰奶來代牛奶，但需留意椰奶的熱量。

● 玫瑰屬寒性，易腹瀉者不宜。

共計

19
元

料理金額小計

紫米8元
乾燥玫瑰花5元
冰糖1元
牛奶5元

材料

紫米1/2杯，玫瑰花1大匙，水600C.C.，冰糖1小匙，牛奶60C.C.。

食材介紹

紫　　　米 — 擁有豐富的鐵質，具補腎補血功效。

乾燥玫瑰花 — 含醇類，就中醫角度，有行氣活血、滋潤皮膚作用。

牛　　　奶 — 所含的維生素B2能滋潤肌膚、養顏美容。

作法

1. 紫米泡水1小時，再瀝去水分。
2. 紫米、500C.C.水倒進湯鍋內，大火煮滾，3分鐘後轉小火熬煮。
3. 玫瑰花兌100C.C.水，以大火煮開後熄火，蓋上蓋燜浸15分鐘，再濾出玫瑰花汁。
4. 花汁倒入紫米粥內，小火煮至微沸，加冰糖調味，熄火。
5. 待粥涼後，倒入牛奶，即完成。

百合菇粥

【淡化色斑，有助美容抗衰】

百合菇粥

貼　心
小建議

● 杏鮑菇和白米經油炒過後，較具香氣。
● 除杏鮑菇、香菇外，亦可以選用其他菇類。
● 選購百合時，以色白、外型肥厚者佳，另百合受潮濕
　易腐爛，宜放置乾燥陰涼處。

共計
33
元

料理金額小計

白米5元
百合15元
杏鮑菇8元
香菇3元
調味料2元

材料

> 白米1/2杯，水540C.C.，百合10克，杏鮑菇30克，乾香菇2朵，鹽1小匙，油1小匙。

食材介紹

> 白　米 — 所含的維生素B1有助醣類代謝，而維生素E則有抗氧化效果。
> 杏鮑菇 — 富含多種蛋白質、胺基酸，有助美容抗衰。
> 香　菇 — 所含的核酸類物質，能使皮膚上的皺紋與色斑淡化，有駐顏效果。
> 百　合 — 其維生素E、維生素C對肌膚的營養滋補很有益處。

作法

> 1. 白米洗淨，瀝去水分。杏鮑菇滾刀切小塊。香菇切絲。
> 2. 熱油鍋，下杏鮑菇、香菇炒出香氣，再倒入白米，翻炒一下。
> 3. 接著倒入水，以大火煮滾3分鐘後，轉小火煮。
> 4. 再將百合放進，小火煮至成粥後，加鹽調味即完成。

蘋果酒釀蛋

〖 有補氣血、加速新陳代謝與豐胸美白之功能 〗

**貼　心
小建議**

● 若怕酒味重，可以多煮2分鐘。
● 蛋要吃泡泡的口感，水滾時下，
　才會立即膨脹開來。
● 也可使用去籽紅棗取代蘋果，但
　需注意甜度，抑或盛碗後加入香
　蕉丁、草莓丁，以增加果酸香氣。
● 甜度不夠，可斟酌加點冰糖。

共計
35
元

料理金額小計

蛋1顆5元
酒釀15元
蘋果15元

材料

蛋1顆，酒釀5大匙，水480C.C，蘋果1/2顆。

食材介紹

酒釀 — 為發酵米製品，含有多量的葡萄糖及少量酒精，又有豐富消化酵素，易被消化吸收，並具補氣血、加速新陳代謝與豐胸美白功能。

雞蛋 — 富優質蛋白質，且蛋黃含卵磷脂，為構成細胞膜物質之一。

蘋果 — 具豐富水溶性纖維，有整腸健胃功能。

作法

1. 蘋果切小丁備用。
2. 水倒入湯鍋，加蘋果丁以大火煮至滾。
3. 當水大滾，將蛋加入，迅速攪散開。
4. 再放入酒釀，攪拌一下，熄火，即可盛碗。

01

03

02

04

枸杞酒蝦

【保護皮膚、抗衰老、淡化老人斑】

枸杞酒蝦

貼心
小建議

● 為吃食方便，宜先剪去蝦鬚和腳。
● 體質較燥熱的人，枸杞不宜攝取太多。
● 烹煮高蛋白質食物時，加蔥可使蛋白質更易分
　解，提高蛋白質的被吸收率。

共計
42
元

料理金額小計

蝦30元
蔥2元
薑1元
枸杞4元
調味料5元

枸 杞 酒 蝦

材料

蝦5隻，料理酒1小匙，蔥1支，薑2片，枸杞1大匙，水1大匙，鹽1/2小匙，油1大匙。

食材介紹

蝦 — 豐富的蝦紅素，對於氧化傷害的修補能力強。

枸杞 — 具胺基酸，可修補人體組織、製造抗體，且能抗氧化，保護皮膚和眼睛，使其不受紫外線的傷害。

薑 — 含有薑辣素，能消除身體內的自由基，進而能抗衰老、淡化老人斑。

作法

1. 蔥洗淨切段。
2. 蝦洗淨，剪去蝦鬚和腳，再用鹽和料理酒抓醃。
3. 枸杞以水泡軟，撈起。
4. 熱油鍋，下蔥段和薑片爆香，再將蝦放進翻炒一下。
5. 再加枸杞，快炒至蝦熟即可。

黑芝麻豬排

〖 抗氧化、防衰老，具烏髮美容之功效 〗

黑芝麻豬排

材料

豬里肌排1片，起司1片，黑芝麻1/2大匙，麵粉1/2大匙，油1小匙。

食材介紹

黑芝麻 — 所含的花色甘，具有抗氧化作用與防衰老、烏髮美容等功效。

豬　肉 — 豐富的蛋白質、礦物質、硫胺素、核黃素、尼克酸和維生素B1等，具有滋潤皮膚、使毛髮光澤作用。

起　司 — 含非常高的蛋白質，與豐富的多種礦物質及維生素，是極佳的人體營養補充品。

作法

1. 里肌肉排以刀背拍打開，放上起司片，邊緣沾些許麵粉，對折壓緊。
2. 再均勻撒上麵粉和黑芝麻，按壓一下使黑芝麻黏住。
3. 熱油鍋，下豬排煎至兩面金黃且熟，即可。

貼心小建議

● 豬里肌肉先拍打開，肉質會變軟變薄，油煎時較易煎熟。

● 起司已富含鹹味了，勿再加其他調味料。

● 豬里肌肉因脂肪較多，烹調方式以低油煎或網烤較合適。

共計
33
元

料理金額小計

豬里肌排22元
起司6元
黑芝麻3元
麵粉1元
油1元

冬瓜肉片湯

〖使肌膚細緻滑嫩、並有活血、消水腫作用〗

材料

冬瓜100克，豬肉片100克，薑2片，鹽1/2小匙，米酒1大匙，水720C.C.。

食材介紹

冬瓜 — 因鈉含量低，營養價值又高，為水腫者最理想的蔬菜。

豬肉 — 豬肉中的酶可保留水分，吸存微量元素及各種營養物質，促使人體肌膚細嫩潤滑。

生薑 — 含有揮發性薑油酮和薑油酚，有活血、消水腫作用。

作法

1. 冬瓜去皮，切小塊。薑切絲。
2. 湯鍋內倒入水，大火煮沸，加薑絲、冬瓜，蓋上鍋蓋改小火燜煮20分鐘。
3. 再放進豬肉片，改大火煮開後，加鹽和米酒即可。

貼心小建議

● 在烹調冬瓜時，加點生薑，有中和袪寒功效。

● 為免豬肉片煮過頭肉質變柴，所以在起鍋前才加入。

● 未切開的冬瓜可在常溫下保存，一旦切開就需覆上保鮮膜或塑膠袋，並冷藏。

● 加米酒僅在於提味，可省略，或是以蔥段代替。

● 瓜類多為寒性食材，易手腳冰冷或腹瀉者，不建議食用。

共計

36元

料理金額小計

冬瓜15元
豬肉片16元
薑2元
調味料3元

醋拌牛蒡蓮藕

〖 降低膽固醇、潤肺、生血促進血液循環、消腫解毒 〗

醋 拌 牛 蒡 蓮 藕

材料

牛蒡50克，蓮藕80克，醋2大匙，糖1小匙，鹽1/2小匙。

食材介紹

蓮藕 — 豐富纖維能防止便秘。還有降低膽固醇、潤肺、生血促進血液循環等功效。

牛蒡 — 其牛蒡甘成分，具有抗菌、消腫解毒作用。

醋 — 可提供人體代謝所需要的消化酵素。

作法

1. 牛蒡洗淨刮去表皮，以刀削薄片，並泡於鹽水內以免變色。
2. 蓮藕洗淨切片，以滾水汆燙熟，撈起瀝水，放涼。
3. 醋、糖、鹽混合，拌入牛蒡絲和蓮藕片，抓醃一下，放入冰箱冰鎮入味後即可享用。

貼心小建議

● 牛蒡皮很薄，可利用鐵製湯匙或刀背輕輕刮除。

● 蓮藕皮亦含有豐富蛋白質和營養素，只要用菜瓜布輕刷就能去除表面淤泥。

● 牛蒡和蓮藕易氧化變色，烹煮前可以先泡在鹽水中備用。

● 糖、醋、鹽的比例可依喜好調整。

● 烹調時，加入少許的醋可讓食材釋放出鈣質。

共計

40

元

料理金額小計

牛蒡10元
蓮藕25元
調味料5元

第三章
整腸健胃
毒素清光光

多攝取優質蛋白質、胺基酸，不但可補脾健腎，強化消化器官機能，還可促進胃部的黏膜修復能力。
而富含膳食纖維的食物可促進腸胃蠕動，利尿通便。
此外，補充有殺菌功能的食材，能驅除腸內壞菌，擁有健康的腸道環境。

雞肉水果沙拉

【強健消化系統，整腸改善便秘】

材料

雞胸肉50克，蘋果1/3顆，奇異果1顆，紅椒1/3顆，橄欖油2大匙，紅酒醋1大匙。

食材介紹

雞　肉 ── 豐富菸鹼酸可使消化系統強健，減輕胃腸絞痛現象。

蘋　果 ── 所含的膳食纖維，可以促進腸胃蠕動，又其中的鉀、檸檬酸，可暢通腸胃，有治療便秘，淨化體內作用。

奇異果 ── 含豐富的維生素C、膳食纖維，可增進腸胃蠕動，又能增快脂肪分解速度，避免脂肪過度的堆積。

紅　椒 ── 其中的維他命 A 、 C ，都可促進脂肪的新陳代謝。

紅酒醋 ── 含有天然化合物多酚，提供人體最強效的抗氧化劑。

橄欖油 ── 其脂肪酸含有維他命E等抗酸化物，能防止便祕。

作法

1. 雞胸肉洗淨，以滾水汆燙熟，剝絲。
2. 蘋果、奇異果削皮，和紅椒一起切小塊。
3. 橄欖油和紅酒醋調成油醋醬。
4. 所有食材與油醋醬攪拌均勻即完成。

貼心小建議

● 亦可增加其他食材與分量。
● 調油醋醬時，也可一面攪打橄欖油，一面加醋，使成乳化狀，如此口感會較濃郁。

共計
45
元

料理金額小計

雞胸肉10元
蘋果15元
奇異果10元
紅椒5元
調味料5元

肉桂韭菜蛋

【強化消化器官機能，健胃祛風、增進食慾】

**貼心
小建議**

● 韭菜纖維較粗，較不易熟，先汆燙熟可縮短煎
　煮時間。
● 若不確定調味狀況，可先下一些蛋液煎，測試
　鹹度。
● 夏天的韭菜纖維多且質地粗糙，又夏天人體腸
　胃蠕動功能低，吃多易引起胃腸不適或腹瀉。

共計

21 元

料理金額小計

韭菜12元
蛋5元
調味料4元

肉桂韭菜蛋

材料

韭菜80克，蛋1顆，肉桂粉1/4小匙，鹽1/4小匙，油1小匙。

食材介紹

韭菜 ── 其纖維可使人體腸胃蠕動正常，並強化消化器官機能，防止便秘；另又具硫化兩烯基，有驅除腸內細菌作用。

肉桂 ── 含有鐵、銅、鋅等微量元素，能健胃祛風、增進食慾，且可緩解腸胃痙攣。

雞蛋 ── 當所含的卵磷脂被腸胃吸收後，可促進血管中膽固醇的排除，可預防動脈粥樣化。

作法

1. 韭菜洗淨，切段，以滾水汆燙熟後，撈起瀝去水分，再切末。
2. 蛋打散，加入韭菜末、肉桂粉和鹽，混合均勻。
3. 熱油鍋，將蛋液倒入，小火慢煎至熟，再換面煎。
4. 當兩面煎至金黃，即可盛盤。

01

02

03

04

豆豉苦瓜

【 加快胃腸蠕動，有利於食物消化和吸收 】

共計

24

元

料理金額小計

苦瓜15元
辣椒5元
濕豆豉3元
油1元

**貼心
小建議**

● 苦瓜可以先汆燙，以降低苦味。
● 怕辣，可將辣椒去籽，再與苦瓜片同時入鍋。
● 豆豉已有鹹味，不宜再加鹽。
● 豆豉除有調味效果外，其特有香氣可增加食慾，
　促進吸收。

豆豉苦瓜

材料

苦瓜150克，辣椒1支，濕豆豉1小匙，水2大匙，油1大匙。

食材介紹

苦瓜 — 維他命C含量充足，纖維質也足夠，有助排便順暢。

辣椒 — 其辣椒素能刺激口腔中的唾液腺，增加唾液分泌，以加快胃腸蠕動，有利於食物消化和吸收。

豆豉 — 含有優質植物蛋白質，可補充營養，加強抵抗力。

作法

1. 苦瓜洗淨，去籽和膜，切片。
2. 辣椒洗淨切片。
3. 熱油鍋，下豆豉、辣椒片炒香。
4. 再下苦瓜片，大火翻炒，加點水。
5. 炒至湯汁收，苦瓜熟透，即可盛盤。

肉醬菠菜豆腐

〖促進腸道蠕動及化合作用，保持腸道通暢〗

貼 心
小建議
● 豆腐的蛋白因缺少蛋氨酸，單獨食用時可利用
的蛋白質低，不過與含蛋氨酸較高的豬肉或雞
蛋混吃，就能平衡胺基酸，使人體充分吸收利
用豆腐中的蛋白質。
● 夏天可將豆腐泡在鹽水內保存。

共計
27
元

料理金額小計

菠菜10元
冷凍豆腐6元
豬絞肉8元
調味料3元

肉 醬 菠 菜 豆 腐

材料

菠菜2把，冷凍豆腐1/2盒，豬絞肉50克，水1小匙，醬油1大匙，油1大匙。

**食材
介紹**

菠菜 ─ 具豐富葉綠素及纖維，可促進腸道蠕動及化合作用，保持腸道通暢。
豆腐 ─ 其皂角甘，可促進脂肪代謝，預防動脈硬化發生。
豬肉 ─ 提供適量的油脂，而油脂可提供腸道潤滑，有助新陳代謝及排便通暢。

作法

1. 菠菜洗淨，切段。豆腐切小塊。
2. 豬絞肉加水、醬油攪打勻。
3. 熱油鍋，下豬絞肉大火快炒熟，盛起。
4. 接著下豆腐，以小火翻炒，放入菠菜段，炒熟。
5. 再將豬絞肉倒進，一起翻炒勻，即可盛盤。

蓮藕排骨湯

〖使胃腸道通暢順氣，有健胃、增進食慾作用〗

蓮藕排骨湯

貼 心
小建議
● 排骨先以滾水氽燙，除可先去血水，也可去油脂。
● 三七粉的使用量勿超過1克。

共計
49
元

料理金額小計

蓮藕25元
排骨20元
三七粉3元
鹽1元

材料

蓮藕80克，排骨100克，三七粉1/4小匙，鹽1小匙，水720C.C.。

食材介紹

蓮　藕 — 其纖維質分量高，可使人體胃腸道通暢順氣，有健胃、增進食慾作用。

排　骨 — 高鈣又富含蛋白質，可供人體活動所需的能量。

三七粉 — 含皂，可擴張血管、降低血壓、增加血流量、有效預防和治療心腦組織缺血、缺氧狀況。

作法

1. 排骨洗淨，以滾水汆燙熟後，撈起。
2. 蓮藕洗淨切片。
3. 湯鍋倒入720C.C.水，大火煮滾後，放入蓮藕和排骨，煮2分鐘。
4. 再改小火燉煮至蓮藕熟透，熄火。
5. 加三七粉和鹽，拌勻即完成。

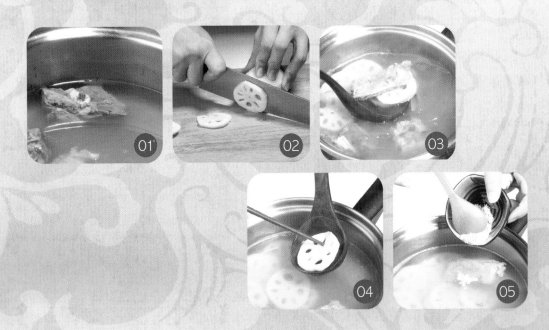

木耳蘿蔔湯

〖含豐富的膳食纖維，有助於腸胃消化〗

貼心小建議

- 高湯已有鹹味，不用再加鹽。
- 購買乾黑木耳，在家動手發木耳，較安全健康，但乾木耳儲存時要防止受潮。

共計
36
元

料理金額小計

白蘿蔔15元
黑木耳8元
枸杞4元
胡椒粉1元
高湯8元

材料

白蘿蔔100克，黑木耳1片，枸杞1大匙，胡椒粉1/2小匙，高湯240C.C.，水240C.C.。

食材介紹

白蘿蔔 — 豐富的膳食纖維，有助於腸胃消化，縮短排泄物在腸道停留的時間。

枸　杞 — 所含甜菜鹼，可促進胃腸蠕動。

黑木耳 — 其膠質可把殘留在人體消化系統的灰塵、雜質，吸附集中一起排出體外，而有清胃、滌腸的作用。

作法

1. 白蘿蔔削皮，滾刀切塊。
2. 黑木耳以水泡發，切小塊。
3. 湯鍋內倒入高湯、水，以大火煮沸。
4. 加白蘿蔔塊，煮至再次沸騰，蓋上鍋蓋轉小火燜煮30分鐘。
5. 白蘿蔔煮至熟軟，加黑木耳和枸杞續燜煮10分鐘。
6. 最後加胡椒粉調味，即可熄火。

決明綠豆仁

〖消腫下氣、清熱解毒，利於排除胃腸積滯和清腸通便〗

決明綠豆仁

共計
18
元

料理金額小計

決明子5元
綠豆仁7元
調味料6元

**貼 心
小建議**

● 蜂蜜遇溫度40℃以上，所含的維他命和抗菌物質
便會損失。

● 綠豆仁較綠豆易煮熟，口感也較綿密，挑選上以
色澤鮮黃，無異味者佳。

● 甜味可依喜好斟酌增減蜂蜜的分量。

● 決明子不宜連續服用，尤其是新鮮的決明子，應
該先熱鍋乾炒過，降低大黃素含量後，再使用為
宜。

決 明 綠 豆 仁

材料

決明子5克，蜂蜜3大匙，綠豆仁100克，水600C.C.，玉米粉1小匙，
水1大匙。

食材介紹

決明子 — 含有大黃素、大黃酚等成分，有緩瀉功能，並利於排除胃腸積
滯和清腸通便。

蜂　蜜 — 大量的單糖、維他命，可改善飲食不佳、肝病、胃腸功能障礙
等狀況。

綠豆仁 — 就中醫說法，綠豆有消腫下氣、清熱解毒和消暑解渴等功能。

作法

1. 決明子兌120C.C.水，煮滾後，再改小火煮5分鐘，濾去決明子。
2. 湯鍋內倒入綠豆仁、480C.C.水，蓋上鍋蓋以小火燜煮15分鐘。
3. 再將決明子湯汁倒入綠豆仁湯內，熬煮至綠豆仁變得鬆軟。
4. 玉米粉和1大匙水調開。
5. 加入綠豆仁湯內，攪拌均勻，熄火。
6. 待涼後，再加蜂蜜調味。

優格
水果穀片

〖整頓腸道，增加腸胃吸收效率，並可清除宿便、健胃整腸〗

材料

早餐穀片2大匙，奇異果1/2顆，蘋果1/3顆，水蜜桃1/3顆，優格3大匙，蜂蜜1小匙。

食材介紹

早餐穀片 — 富膳食纖維、葉酸，且無膽固醇，有助於人體利用。
奇 異 果 — 含豐富的維生素C、膳食纖維，可以幫助清除宿便、健胃整腸。
蘋　　果 — 其蘋果酸，可強化代謝循環，並減少脂肪堆積與減輕下半身水腫。
水 蜜 桃 — 含天然抗氧化劑，胡蘿蔔素與聚酚類化合物，有助消除體內自由基，與防止紫外線傷害及抗老化。
優　　格 — 含有乳酸菌，可整頓腸道，並增加腸胃吸收效率。

作法

1. 水果削皮，切小丁，放進湯碗內。
2. 再撒上早餐穀片，加上優格與蜂蜜即可。

貼心小建議

● 可用一樣富纖維的水果代替。
● 蜂蜜為增加甜味，不加或是增減都可依喜好決定。
● 奇異果維生素C含量高，宜避免和牛奶同食，以免腹痛或腹瀉。

共計
38
元

料理金額小計

早餐穀片5元
奇異果5元
蘋果10元
水蜜桃5元
優格12元
蜂蜜1元

第四章
調整體質
遠離病痛威脅

生理機能健康，就不怕病痛上身。
平時應該多補充可調整體質的各式礦物質與維生素，以刺激血液循環，增強人體免疫力。

香煎鮭魚

【清血、降低膽固醇及預防心血管疾病】

貼心
小建議　
● 鮭魚的油脂含量很高，會在煎煮時釋出油脂，因此可以不另添油方式乾煎。

● 冷凍的鮭魚於烹煮前，要放置冷藏庫中解凍，勿放在室溫或用熱水解凍，否則魚肉會失去彈性，口感變差。

共計
48元

料理金額小計

鮭魚45元
調味料3元

香 煎 鮭 魚

材料

鮭魚250克，鹽1/2小匙，義式香料1小匙。

食材介紹

鮭魚 ─ 含EPA和DHA，具清血、降低膽固醇及預防心血管疾病功效。

作法

1. 鮭魚洗淨，按去水分。
2. 兩面均勻撒上鹽和香料。
3. 熱鍋，以小火乾煎鮭魚。
4. 直至兩面金黃微焦熟，即可盛盤。

菊杞綠豆仁湯

【降眼壓、消除眼睛疲勞】

菊 杞 綠 豆 仁 湯

共計

17

元

料理金額小計

乾燥菊花5元
甘草2元
枸杞2元
糖1元
綠豆仁7元

**貼 心
小建議**

● 甘草具有甘甜味，可減少糖的用量，但需注意甘草酸，吃多易造成身體水腫或月亮臉。
● 選購乾燥菊花，要挑有花萼，且花萼偏綠色者。
● 患感冒、炎症、腹瀉的人，宜暫停食用枸杞。

菊杞綠豆仁湯

材料

乾燥菊花2朵，甘草2片，枸杞 1 小匙，糖1大匙，綠豆仁100克，水480C.C.。

食材介紹

菊　花 — 可調節血清素的代謝，防止眼部血管肌肉異常收縮，達到降眼壓的效用。

枸　杞 — 高含量的玉米黃質素，可以消除眼睛疲勞。

甘　草 — 內含的甘草甜素，可以抗發炎，並提升免疫力。

綠豆仁 — 具香豆素、生物鹼、植物固醇等，可增強身體的免疫功能。

作法

1. 乾燥菊花、甘草和枸杞兌180C.C.的水，煮滾後，再改小火煮5分鐘，濾去渣。
2. 湯鍋內倒入綠豆仁、300C.C.的水，蓋上鍋蓋小火燜煮15分鐘。
3. 再將菊花湯汁倒入綠豆仁湯內，熬煮至綠豆仁變得鬆軟，熄火。
4. 最後加糖調味，即完成。

蝦鬆飯糰

〖 補充人體所需的營養素，並使骨骼更為強健 〗

蝦 鬆 飯 糰

材料

白米1/2杯，水90C.C.，櫻花蝦50克，鹽1/2小匙，海苔香鬆3大匙。

食材介紹

白　米 — 含有醣類、維生素B群、維生素E、鈣、磷、鉀等人體所需的營養素。

櫻 花 蝦 — 含有人體骨質最需要的鈣、磷與鎂；其鈣質可讓人體直接吸收，鎂則能使人體骨骼更為強健。

海苔香鬆 — 含有豐富的鈣及β-胡蘿蔔素，可供人體生長需要。

作法

1. 白米兌90C.C.的水，煮成飯，待涼。
2. 櫻花蝦、鹽以乾鍋炒出香味，放涼。
3. 海苔香鬆均勻舖在盤上。
4. 櫻花蝦拌入米飯內，以壽司器壓整成型，再滾上一層海苔香鬆，即完成。

貼 心 小建議

● 除海苔香鬆外，也可選鰹魚香鬆、小魚乾香鬆等等。
● 有些香鬆有加鹽，需留意鹹味。

共計
31
元

料理金額小計

白米5元
櫻花蝦20元
鹽1元
海苔香鬆5元

麻油蛋麵線

〖 補中益氣，增強人體免疫力 〗

麻 油 蛋 麵 線

材料

全麥麵線1人份，蛋1顆，蔥1支，薑1片，鹽1/2小匙，米酒2大匙，
麻油2大匙，水480C.C.。

食材介紹

麻　　油 — 其脂肪以不飽和脂肪酸居多數，是構成人體細胞不可或缺的因子。

全麥麵線 — 小麥的麥麩含豐富礦物質、粗纖維和維生素B群，能清理腸道，延緩消化吸收。

雞　　蛋 — 蛋白具有清除活性氧的作用，可增強人體免疫力。

　　　蔥 — 富含蘋果酸、磷酸糖，能興奮神經系統、刺激血液循環，也可增強消化液分泌、增加食慾。

　　　薑 — 於中醫，常被用於治療脾胃虛寒。

作法

1. 備一鍋滾水，下麵條煮熟，撈起，放入湯碗。
2. 蔥切末。薑切絲。蛋加鹽、米酒打散。
3. 以1大匙麻油熱鍋，倒入蛋液快速翻炒一下。
4. 加水，大火煮至滾，放入蔥末、薑絲，續煮1分鐘，倒入
　 1大匙麻油，熄火。
5. 再將蛋湯舀進湯碗內，和麵線一起食用。

貼心小建議

● 米酒量可以依喜好增減。
● 亦可換成素麵條或冬粉等。

共計
20 元

料理金額小計

全麥麵線7元
蛋5元
蔥2元
薑1元
調味料5元

蒟蒻涼麵

〖預防高血壓，防止動脈硬化〗

蒟蒻涼麵

材料

蒟蒻麵100克，小黃瓜1/2根，紅蘿蔔1/4條，黑木耳1/2片，雞胸肉50克，
柴魚醬油2大匙，油1小匙。

食材介紹

蒟蒻麵 — 含水溶性植物膳食纖維，能促進腸道蠕動、新陳代謝。
小黃瓜 — 其抗氧化成分有助於消除自由基，以免血管內皮細胞遭受傷害，和
　　　　　避免心血管疾病的發生。
黑木耳 — 所含的卵磷脂，可防止動脈硬化。
紅蘿蔔 — 含豐富可溶性纖維，可控制低密度脂蛋白，增加高密度脂蛋白，而
　　　　　有預防冠狀動脈疾病和中風的功能。
雞　肉 — 含不飽和脂肪酸及人體所需的必需胺基酸，可降低血壓。

作法

1. 小黃瓜、紅蘿蔔洗淨，切絲。
2. 黑木耳以水泡開，切絲。
3. 備一鍋滾水，分別將黑木耳、雞胸肉和蒟蒻麵放進，汆燙熟，撈起。
4. 雞胸肉撕絲。
5. 將所有食材放入碗內，淋上柴魚醬油，拌勻，即可享用。

貼心小建議

● 也可以用冬粉代替蒟蒻麵。

共計
35
元

料理金額小計

蒟蒻麵15元
小黃瓜3元
紅蘿蔔3元
黑木耳4元
雞胸肉8元
柴魚醬油2元

芝麻核桃甜粥

【 潤肺止咳、順氣補血、安定神經 】

芝 麻 核 桃 甜 粥

材料

糙米1/2杯，黑芝麻1小匙，碎核桃20克，枸杞1大匙，黑糖1大匙，
水600C.C.。

食材介紹

糙　米 — 其鋅、錳、釩等微量元素，有助於糖耐量受損者。
黑芝麻 — 其菸鹼酸能安定神經，滋補神經系統。
核　桃 — 有補腎固精、潤肺止咳、化痰定喘、順氣補血等功能。
枸　杞 — 會刺激腦下垂體釋放生長賀爾蒙，有助於幫助睡眠、改善記憶。
黑　糖 — 保留許多礦物質及維生素，且維生素C含量較高，有利鐵質吸收。

作法

1. 糙米洗淨，泡水1小時，撈起瀝水。
2. 黑芝麻、核桃以乾鍋炒香。
3. 水倒入湯鍋內，再將所有食材加入，先以大火煮開3分鐘。
4. 蓋上鍋蓋，再以小火煮15分鐘，成粥狀即可熄火。

貼心小建議

● 黑芝麻和核桃炒過，能使香氣釋放出。
● 核桃含脂量較高，不宜一次吃得太多，會影響消化。

共計
21
元

料理金額小計

糙米5元
黑芝麻2元
核桃8元
枸杞4元
黑糖2元

薏仁綠豆粥

〖減少心血管疾病，防止血脂升高〗

材料

薏仁1/2杯，綠豆1/2杯，陳皮5克，水720C.C.。

食材介紹

薏仁 — 含豐富水溶性纖維，有利尿、消除水腫，與減少心血管疾病、降血脂的功效。

陳皮 — 其果膠質因含有水溶性膳食纖維素、天然植物酵素，有益於降低人體膽固醇和促進排便、消化。

綠豆 — 對於有高血壓、高脂血症者來說，吃綠豆有助於降血壓、防止血脂升高的作用。

作法

1. 薏仁、綠豆洗淨，用水泡1小時。
2. 薏仁、綠豆再兌720C.C.的水，和陳皮一起放進電鍋煮，外鍋為100C.C.的水，煮成粥。

貼心小建議

● 綠豆和薏仁先泡過水，可縮短烹煮時間。
● 利用陳皮來代替糖，使粥具甘甜味。
● 也可加糯米或小米，增加飽足感。
● 豆類多被烹作為甜品，要留心攝取過多的糖分會發胖。

共計 **22** 元

料理金額小計

薏仁10元
綠豆7元
陳皮5元

*49*元 美味健康廚房

養生達人 教你花小錢也可以吃出好氣色

作　　者 大都會文化編輯部
攝　　影 鐘政勇

發 行 人 林敬彬
主　　編 楊安瑜
編　　輯 李彥蓉

內頁編排 吉高創意 林妍邑
封面設計 吉高創意 林妍邑

出　　版 大都會文化事業有限公司　行政院新聞局北市業字第 89 號
發　　行 大都會文化事業有限公司
　　　　 11051 台北市信義區基隆路一段 432 號 4 樓之 9
　　　　 讀者服務專線：(02) 27235216
　　　　 讀者服務傳真：(02) 27235220
　　　　 電子郵件信箱：metro@ms21.hinet.net
　　　　 網　　　　址：www.metrobook.com.tw

郵政劃撥 14050529　大都會文化事業有限公司
出版日期 2011 年 1 月初版一刷
定　　價 250 元

I S B N 978-986-6152-08-5
書　　號 i-cook 02

First published in Taiwan in 2011 by
Metropolitan Culture Enterprise Co., Ltd.
4F-9, Double Hero Bldg., 432, Keelung Rd., Sec. 1,
Taipei 11051, Taiwan
Tel：+886-2-2723-5216　Fax：+886-2-2723-5220
Web-site:www.metrobook.com.tw
E-mail:metro@ms21.hinet.net
Copyright © 2011 by Metropolitan Culture Enterprise Co., Ltd.

國家圖書館出版品預行編目資料

49 元美味健康廚房 ：養生達人教你花小錢也可以
吃出好氣色 / 大都會文化編輯部著 . — 初版 .—
臺北市 ： 大都會文化 , 2011.01
面 ：公分
ISBN 978-986-6152-08-5(平裝)
1. 食譜 2. 養生

427.1　　　　　　　　　　　　　　　99024574

49元
美味健康廚房
養生達人 教你花小錢也可以吃出好氣色

北 區 郵 政 管 理 局
登記證北台字第9125號
免　貼　郵　票

大都會文化事業有限公司

讀 者 服 務 部　　　收

11051台北市基隆路一段432號4樓之9

寄回這張服務卡〔免貼郵票〕
您可以：
◎不定期收到最新出版訊息
◎參加各項回饋優惠活動

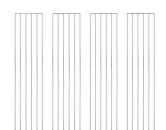

大都會文化　讀者服務卡

書名：**49**元**美味健康廚房** 養生達人 教你花小錢也可以吃出好氣色

謝謝您選擇了這本書！期待您的支持與建議，讓我們能有更多聯繫與互動的機會。

A. 您在何時購得本書：_____年_____月_____日

B. 您在何處購得本書：_____書店，位於_____(市、縣)

C. 您從哪裡得知本書的消息：

　　1.□書店　2.□報章雜誌　3.□電台活動　4.□網路資訊

　　5.□書籤宣傳品等　6.□親友介紹　7.□書評　8.□其他

D. 您購買本書的動機：(可複選)

　　1.□對主題或內容感興趣　2.□工作需要　3.□生活需要

　　4.□自我進修　5.□內容為流行熱門話題　6.□其他

E. 您最喜歡本書的：(可複選)

　　1.□內容題材　2.□字體大小　3.□翻譯文筆　4.□封面　5.□編排方式　6.□其他

F. 您認為本書的封面：1.□非常出色　2.□普通　3.□毫不起眼　4.□其他

G. 您認為本書的編排：1.□非常出色　2.□普通　3.□毫不起眼　4.□其他

H. 您通常以哪些方式購書：(可複選)

　　1.□逛書店　2.□書展　3.□劃撥郵購　4.□團體訂購　5.□網路購書　6.□其他

I. 您希望我們出版哪類書籍：(可複選)

　　1.□旅遊　2.□流行文化　3.□生活休閒　4.□美容保養　5.□散文小品

　　6.□科學新知　7.□藝術音樂　8.□致富理財　9.□工商企管　10.□科幻推理

　　11.□史哲類　12.□勵志傳記　13.□電影小說　14.□語言學習(____語)

　　15.□幽默諧趣　16.□其他

J. 您對本書(系)的建議：

_____

K. 您對本出版社的建議：

_____

讀者小檔案

姓名：_____ 性別：□男　□女　生日：____年____月____日

年齡：□20歲以下 □21～30歲 □31～40歲　□41～50歲 □51歲以上

職業：1.□學生 2.□軍公教 3.□大眾傳播 4.□服務業 5.□金融業 6.□製造業

　　　7.□資訊業 8.□自由業 9.□家管 10.□退休 11.□其他

學歷：□國小或以下　□國中　□高中／高職　□大學／大專　□研究所以上

通訊地址：_____

電話：(H)_____ (O)_____ 傳真：_____

行動電話：_____ E-Mail：_____

◎謝謝您購買本書，也歡迎您加入我們的會員，請上大都會文化網站 www.metrobook.com.tw
登錄您的資料。您將不定期收到最新圖書優惠資訊和電子報。

郵政劃撥儲金存款單

98-04-43-04

帳號 1 4 0 5 0 5 2 9

金額 新台幣
(小寫)

金 萬 仟 佰 拾 元
額

戶名 大都會文化事業有限公司

寄款人 □他人存款 □本戶存款

姓名

通訊處

電話

通訊欄(限與本次存款有關事項)

備供帳戶及寄款人連絡之用，郵局印錄金額600元以下者，以600元計算。請勿書寫。

書	名	單價	數量	合計

大都會文化事業有限公司

◎寄款人請注意背面說明
◎本收據由電腦印錄請勿填寫

郵政劃撥儲金存款收據

收款帳號戶名

存款金額

電腦紀錄

經辦局收款戳

經辦局收款戳

虛線內備供機器印錄用請勿填寫